Summary

1 .... Summary

2- 6 .... Recognize and name

7 - 11 .... Locate a number

11 - 17 .... Sum / Addition

17 - 23 ....Subtraction

23 - 28 .... Fill The holes

28- 32 .... Multiplication

Recognize and name

Write the numbers in letters

19: nineteen

35: ....

95: ....

26: ....

93: ....

5: ....

78: ....

31: ....

20: ....

3: ....

81: ....

14: ....

7: ....

12: ....

17: ....

42: ....

11: ....

40: ....

87: ....

53: ....

69: ....

8: ....

49: ....

100: ....

Write the numbers in letters

21: .... 34: ....

99: .... 43: ....

56: .... 64: ....

28: .... 52: ....

88: .... 19: ....

9: .... 41: ....

37: .... 71: ....

32: .... 10: ....

90: .... 46: ....

58: .... 0: ....

101: .... 65: ....

32: .... 5x6: ....

Write the numbers in numbers

Four	: 4	Hundred	:	....
Five	:	Seventy-four	:	....
Seventy-five	:	A number	:	....
Eighty-eight	:	Seven	:	....
Sixty-one	:	Forty	:	....
Thirty-seven	:	Forty-nine	:	....
Fifty-nine	:	Ten	:	....
forty-eight	:	Thirty-two	:	....
Eleven	:	Sixty-nine	:	....
Fifty-six	:	Fourteen	:	....
Twenty-two	:	Three	:	....
One	:	Twelve	:	....

Write the numbers in numbers

Forty-nine	: ……..	Twenty-one	: ……..
Eighteen	: ……..	Eighty-three	: ……..
Two	: ……..	Sixty-three	: ……..
Six	: ……..	Thirty-eight	: ……..
Fifty-five	: ……..	ninety-six	: ……..
Seventy-six	: ……..	Eighty-two	: ……..
Twenty-three	: ……..	Twenty-nine	: ……..
Nineteen	: ……..	Thirty	: ……..
Eighty-nine	: ……..	Ninety-seven	: ……..
Sixty-four	: ……..	Eight	: ……..
Thirteen	: ……..	Forty	: ……..
Seventy-six	: ……..	Sixty	: ……..

Locate a number

Write the number just after

13	Is after	12		......	Is after	4
.....	Is after	16		......	Is after	7
.....	Is after	26		......	Is after	32
.....	Is after	30		......	Is after	19
.....	Is after	14		......	Is after	47
.....	Is after	36		......	Is after	40
.....	Is after	48		......	Is after	93
.....	Is after	18		......	Is after	63
.....	Is after	75		......	Is after	70
.....	Is after	42		......	Is after	23
.....	Is after	6		......	Is after	83
.....	Is after	98		......	Is after	100
.....	Is after	4		......	Is after	80
.....	Is after	16		......	Is after	91
.....	Is after	102		......	Is after	24

Write the number just after

.....	Is after	63	......	Is after	1
.....	Is after	3	......	Is after	85
.....	Is after	17	......	Is after	33
.....	Is after	40	......	Is after	94
.....	Is after	18	......	Is after	71
.....	Is after	38	......	Is after	61
.....	Is after	09	......	Is after	46
.....	Is after	24	......	Is after	36
.....	Is after	57	......	Is after	77
.....	Is after	32	......	Is after	33
.....	Is after	10	......	Is after	74
.....	Is after	49	......	Is after	104
.....	Is after	5	......	Is after	54
.....	Is after	99	......	Is after	23
.....	Is after	112	......	Is after	88

Write the number just before

..... Is before 12   ...... Is before 25

..... Is before 36   ...... Is before 18

..... Is before 64   ...... Is before 43

..... Is before 73   ...... Is before 24

..... Is before 55   ...... Is before 15

..... Is before 16   ...... Is before 56

..... Is before 14   ...... Is before 90

..... Is before 23   ...... Is before 19

..... Is before 79   ...... Is before 86

..... Is before 16   ...... Is before 7

..... Is before 45   ...... Is before 62

..... Is before 83   ...... Is before 1

..... Is before 69   ...... Is before 95

..... Is before 40   ...... Is before 72

..... Is before 52   ...... Is before 100

Write the number just before

..... Is before 12   ...... Is before 25

..... Is before 36   ...... Is before 18

..... Is before 64   ...... Is before 43

..... Is before 73   ...... Is before 24

..... Is before 55   ...... Is before 15

..... Is before 16   ...... Is before 56

..... Is before 14   ...... Is before 90

..... Is before 23   ...... Is before 19

..... Is before 79   ...... Is before 86

..... Is before 16   ...... Is before 7

..... Is before 45   ...... Is before 62

..... Is before 83   ...... Is before 1

..... Is before 69   ...... Is before 95

..... Is before 40   ...... Is before 72

..... Is before 52   ...... Is before 100

Sum / addition

Compute the sums

7 + 3	=	10	5 + 2	=	....
5 + 2	=	....	3 + 6	=	....
6 + 3	=	....	4 + 1	=	....
1+4	=	....	4 + 3	=	....
9+3	=	....	3 + 3	=	....
8+6	=	....	7 + 8	=	....
1+2	=	....	2+2	=	....
3+0	=	....	2 + 3	=	....
7+7	=	....	10 + 1	=	....
3+9	=	....	1 + 6	=	....
5+8	=	....	7+4	=	....
3+2	=	....	5+6	=	....

Compute the sums

11 + 3 = ...　　15 + 6 = ...

18 + 2 = ...　　19 + 1 = ...

7 + 9 = ...　　20 + 4 = ...

16 + 3 = ...　　12 + 2 = ...

17 + 6 = ...　　15 + 3 = ...

14 + 7 = ...　　6 + 6 = ...

10 + 10 = ...　　13 + 12 = ...

14 + 13 = ...　　20 + 8 = ...

3 + 11 = ...　　21 + 4 = ...

6 + 15 = ...　　9 + 7 = ...

16 + 1 = ...　　18 + 9 = ...

4 + 13 = ...　　12 + 12 = ...

Compute the sums

33 + 12 = ...   26 + 17 = ...

42 + 10 = ...   23 + 26 = ...

13 + 20 = ...   50 + 16 = ...

13 + 70 = ...   3 + 90 = ...

36 + 54 = ...   73 + 23 = ...

15 + 85 = ...   25 + 25 = ...

42 + 3 = ...   36 + 18 = ...

73 + 20 = ...   19 + 17 = ...

15 + 60 = ...   23 + 32 = ...

13 + 10 = ...   45 + 37 = ...

51 + 43 = ...   62 + 31 = ...

63 + 14 = ...   42 + 42 = ...

Compute the sums

3 + 6 + 2   = ...   5 + 9 + 10   = ...

7 + 8 + 9   = ...   1 + 2 + 3   = ...

1 + 11 + 1   = ...   14 + 5 + 2   = ...

16 + 5 + 9   = ...   12 + 12 + 12   = ...

3 + 6 + 7   = ...   16 + 18 +13   = ...

8 + 3 + 1   = ...   4 + 5 + 9   = ...

10 + 19 + 1   = ...   14 + 2 + 6   = ...

13 + 15 + 9   = ...   21 + 3 + 6   = ...

6 + 8 + 3   = ...   26 + 5 + 4   = ...

16 + 4 + 7   = ...   13 + 5 + 7   = ...

18 + 9 + 2   = ...   15 + 9 + 9   = ...

16 + 14 +12   = ...   23 + 20 + 10   = ...

Compute the sums (hard)

13 + 56 + 80 = ...   80 + 80 + 80 = ...

52 + 30 + 10 = ...   23 + 53 + 7 = ...

63 + 57 + 19 = ...   60 + 53 + 94 = ...

36 + 54 + 16 = ...   96 + 65 +30 = ...

1+ 35 + 64 = ...   36 + 56 + 100 = ...

40 + 56 + 80 = ...   46 + 102 + 60 = ...

6+ 10 + 41 + 2 = ...   63 + 12 + 13 = ...

14 + 13 + 36 = ...   82 + 10 + 16 = ...

43 + 42 + 41 = ...   14 + 15 + 16+1 = ...

15 + 15 + 30 = ...   01 + 02 +09 = ...

6 + 15 + 70 = ...   1 + 2 + 3 + 4 = ...

18 + 16 +14 = ...   100+ 63 +102 = ...

Subtractions

Compute the Subtractions

3 − 2	=	1	4 − 2	=	....
5 − 3	=	....	6 − 2	=	....
7 − 1	=	....	4 − 3	=	....
7 − 5	=	....	8 − 6	=	....
6 − 3	=	....	9 − 2	=	....
5 − 1	=	....	8 − 4	=	....
4 − 4	=	....	7 − 3	=	....
2 − 1	=	....	3 − 1	=	....
8 − 3	=	....	10 − 5	=	....
12 − 9	=	....	9 − 7	=	....
11 − 10	=	....	12 − 4	=	....
14 − 12	=	....	16 − 7	=	....

Compute the Subtractions

19 − 16 = ...   5 − 4 = ...

5 − 5 = ...   6 − 5 = ...

7 − 4 = ...   8 − 3 = ...

7 − 5 = ...   10 − 6 = ...

11 − 9 = ...   14 − 13 = ...

16 − 5 = ...   20 − 18 = ...

9 − 6 = ...   8 − 8 = ...

4 − 1 = ...   10 − 3 = ...

8 − 3 = ...   17 − 12 = ...

18 − 4 = ...   21 − 7 = ...

11 − 6 = ...   19 − 6 = ...

19 − 17 = ...   14 − 6 = ...

Compute the Subtractions

16 - 8   = ...   17 - 13   = ...

22 - 21 = ...   35 - 9   = ...

23 - 16 = ...   39 - 25   = ...

34 - 19 = ...   18 - 9   = ...

45 - 26 = ...   17 - 14   = ...

63 - 24 = ...   82 - 53   = ...

55 - 11 = ...   74 - 36   = ...

85 - 65 = ...   61 - 35   = ...

41 - 32 = ...   63 - 51   = ...

93 - 81 = ...   43 - 42   = ...

37 - 10 = ...   59 - 37   = ...

33 - 22 = ...   40 - 18   = ...

Compute the Subtractions

17 − 13 = ...   71 − 31 = ...

53 − 27 = ...   41 − 21 = ...

50 − 26 = ...   71 − 62 = ...

100 − 50 = ...   84 − 64 = ...

54 − 32 = ...   123 − 122 = ...

63 − 24 = ...   82 − 53 = ...

55 − 11 = ...   60 − 40 = ...

84 − 75 = ...   24 − 17 = ...

31 − 11 = ...   20 − 18 = ...

92 − 36 = ...   74 − 21 = ...

62 − 61 = ...   71 − 03 = ...

173 − 0 = ...   200 − 100 = ...

Compute the Subtractions

9 - 3 - 3   = ...   14 - 4 - 4   = ...

16 - 4 - 3   = ...   25 - 5 - 3   = ...

3 - 2 - 1   = ...   19 - 7 - 2   = ...

23 - 6 - 7   = ...   18 - 8 - 3   = ...

17 - 7 - 3   = ...   25 - 6 - 4   = ...

23 - 3 - 9   = ...   29 - 8 - 1   = ...

24 - 3 - 6   = ...   30 - 6 - 2   = ...

12 - 6 - 4   = ...   13 - 5 - 4   = ...

26 - 12 - 13 = ...   31 - 14 - 5   = ...

21 - 15 - 3   = ...   31 - 15 - 6   = ...

17 - 7 - 3   = ...   19 - 04 - 07   = ...

173 - 0   = ...   200 - 100   = ...

Fill The holes

Fill the holes

5 + ... = 12   17 + ... = 26

3 + ... = 7   .... + 21 = 34

4 + ... = 18   7 + ... = 14

.... + 11 = 32   31 + ... = 58

.... + 8 = 64   23 + ... = 30

41 + ... = 100   25 + ... = 53

14 + ... = 86   27 + ... = 41

.... + 21 = 29   .... + 17 = 36

36 + ... = 58   12 + ... = 39

68 + ... = 123   .... + 46 = 75

9 + ... = 81   16 + ... = 69

24 + ... = 62   32 + ... = 114

Fill the holes

.... + 17	=	43	.... + 15	=	71
32 + ...	=	32	19 + ...	=	63
1 + ...	=	37	.... + 24	=	56
.... + 14	=	82	56 + ...	=	88
19 + ...	=	73	8 + ...	=	55
.... + 15	=	120	84 + ...	=	115
80 + ...	=	150	.... + 41	=	97
26 + ...	=	31	.... + 84	=	93
62 + ...	=	94	11 + ...	=	35
48 + ...	=	65	.... + 92	=	126
.... + 81	=	87	4 + ...	=	16
56 + ...	=	99	99 + ...	=	130

Fill the holes

23 - .... = 20   19 - .... = 14

51 - .... = 31   81 - .... = 51

19 - .... = 10   53 - .... = 42

84 - .... = 70   46 - .... = 38

104 - .... = 102   56 - .... = 29

49 - .... = 14   72 - .... = 24

88 - .... = 44   39 - .... = 16

33 - .... = 27   12 - .... = 1

24 - .... = 5   36 - .... = 30

48 - .... = 36   55 - .... = 44

81 - .... = 72   18 - .... = 0

100 - .... = 12   160 - .... = 130

Fill the holes

44 -	=	11	.... - 17	=	63
94 -	=	84	.... - 84	=	51
63 -	=	16	.... - 74	=	42
102 -	=	80	.... - 16	=	53
66 -	=	25	.... - 63	=	34
99 -	=	64	.... - 48	=	56
41 -	=	16	.... - 19	=	20
64 -	=	55	.... - 91	=	6
49 -	=	30	.... - 26	=	63
18 -	=	12	.... - 32	=	0
98 -	=	63	.... - 47	=	34
106 -	=	54	.... - 91	=	30

Multiplications

Compute the Multiplications

3X1 = 1 + 1 + 1 = 3		2X3 = 3 + 3 = 6
4X3 = 3+3+3+3 = 12		3X5 = ...+...+... = ...
2X4 = ...+... = ...		3X2 = ...+... = ...
3X7 = ...+...+... = ...		3X9 = ...+...+... = ...
2X5 = ...+... = ...		2X8 = ...+... = ...
3X1 = ...+...+... = ...		3X6 = ...+...+... = ...
2X6 = ...+... = ...		1X32 = ... = ...
3X4 = ...+...+... = ...		3X10 = ...+...+... = ...
4X5 = ...+...+...+... = ...		2X2 = ...+... = ...
3X3 = ...+...+... = ...		2X7 = ...+... = ...
4X6 = ...+...+...+... = ...		1X1 = ... = ...
2X3 = ...+...+... = ...		3X8 = ...+...+... = ...
4X8 = ...+...+...+... = ...		2X9 = ...+... = ...

Compute the Multiplications
Commutativity

6x2 = 2x6 = 6 + 6 = 12

5x3 = 3x5 = 5 + 5 + 5 = 15

6x3 = ...x... = ...+...+... = ...

7x4 = ...x... = ...+...+...+... = ...

13x3 = ...x... = ...+...+... = ...

15x2 = ...x... = ...+... = ...

19x2 = ...x... = ...+... = ...

16x3 = ...x... = ...+...+... = ...

12x3 = ...x... = ...+...+... = ...

7x4 = ...x... = ...+...+...+... = ...

11x2 = ...x... = ...+... = ...

22x2 = ...x... = ...+... = ...

14x3 = ...x... = ...+...+... = ...

Compute the Multiplications

3x5 = ...   6x3 = ...

1x6 = ...   7x3 = ...

6x6 = ...   5x2 = ...

4x4 = ...   5x4 = ...

2x6 = ...   8x3 = ...

4x6 = ...   2x3 = ...

3x4 = ...   4x7 = ...

3x8 = ...   9x2 = ...

10x3 = ...   5x2 = ...

4x3 = ...   1x15 = ...

10 x 5 = ...   4x5 = ...

6x9 = ...   7x7 = ...

www.ingramcontent.com/pod-product-compliance
Lightning Source LLC
Chambersburg PA
CBHW080438220526
45465CB00009B/3343